350 ejercicios de restas para 1º de Primaria

I

Proyecto Aristóteles

Copyright © 2014 Proyecto Aristóteles
Todos los derechos reservados.

Quedan prohibidos, dentro de los límites establecidos en la ley y bajo los apercibimientos legalmente previstos, la preproducción total o parcial de esta obra por cualquier medio o procedimiento, ya sea electrónico o mecánico, el tratamiento informático, el alquiler o cualquier otra forma de cesión de la obra sin la autorización previa y por escrito de los titulares del copyright.

ISBN: 1495917487
ISBN-13: 978-1495917486

Para Coral y Alicia.

CONTENIDOS

    Para comenzar i

1   Ejercicios   1

PARA COMENZAR

El blasón del Proyecto Aristóteles es el proverbio *usus, magíster egregius* (la práctica es el mejor maestro). El dominio de cualquier disciplina, incluidas las matemáticas, sólo puede adquirirse a través del ejercicio variado y constante. Éste es el motivo por el cual presentamos nuestra serie especial de ejercicios de restas para Primero de Primaria. El presente volumen está dedicado a ejercitar los siguientes conocimientos:

- Restas con llevadas.
- Cálculo mental rápido.
- Series de restas.
- Tablas de restas: agilidad de cálculo.
- Escritura de números.
- Número anterior y posterior.
- Redondeo a la decena y a la centena.

Representa lo indicado.

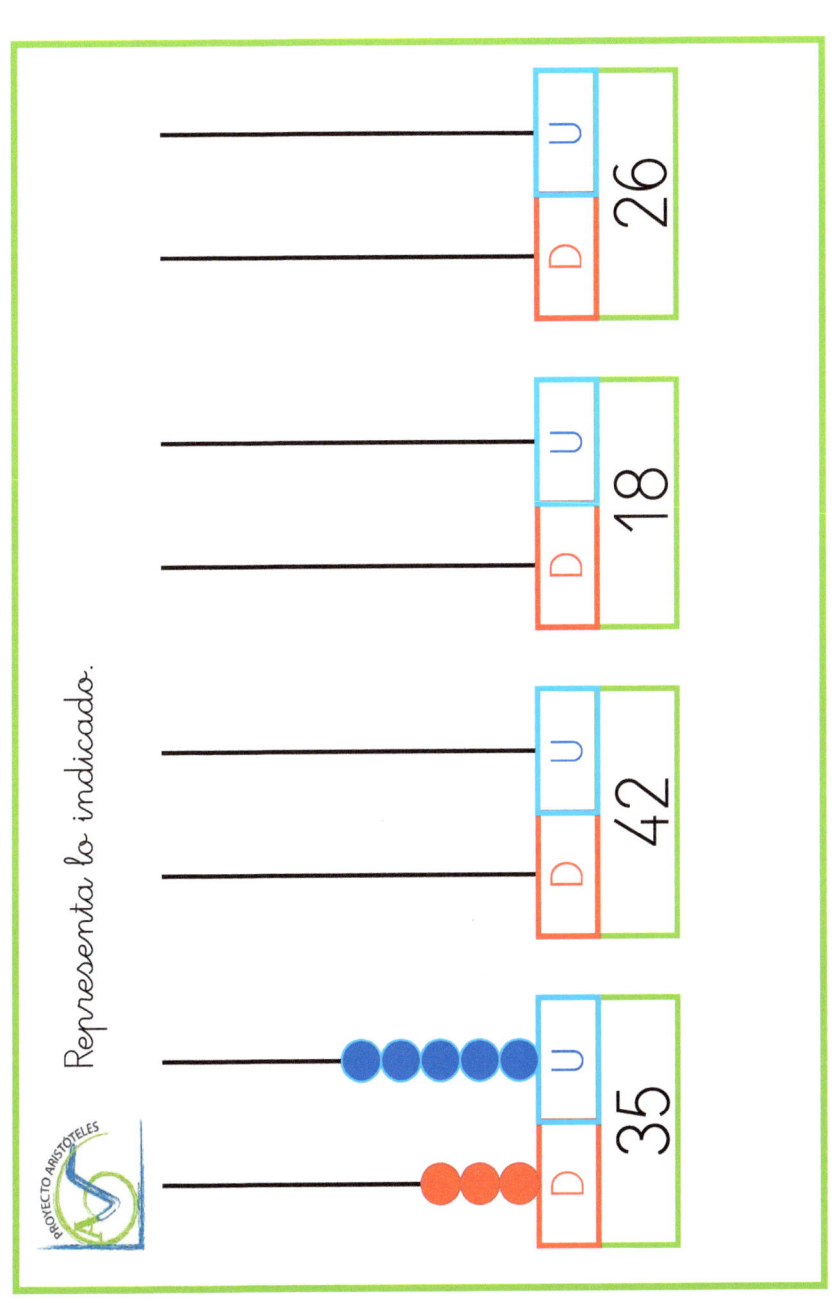

Escribe el número anterior y posterior.

anterior	número	posterior
	14	
	25	
	33	
	19	
	28	
	36	
	17	
	31	

Ordena los siguientes números de mayor a menor.

6	34	22	14	13	36

39	7	13	31	22	20

Resta en vertical. Coloca y calcula.

	D	U
−		

74 − 60

	D	U
−		

69 − 23

	D	U
−		

58 − 34

	D	U
−		

55 − 15

¿Cómo se escriben los siguientes números?

62	
14	
50	
44	

Calcula.

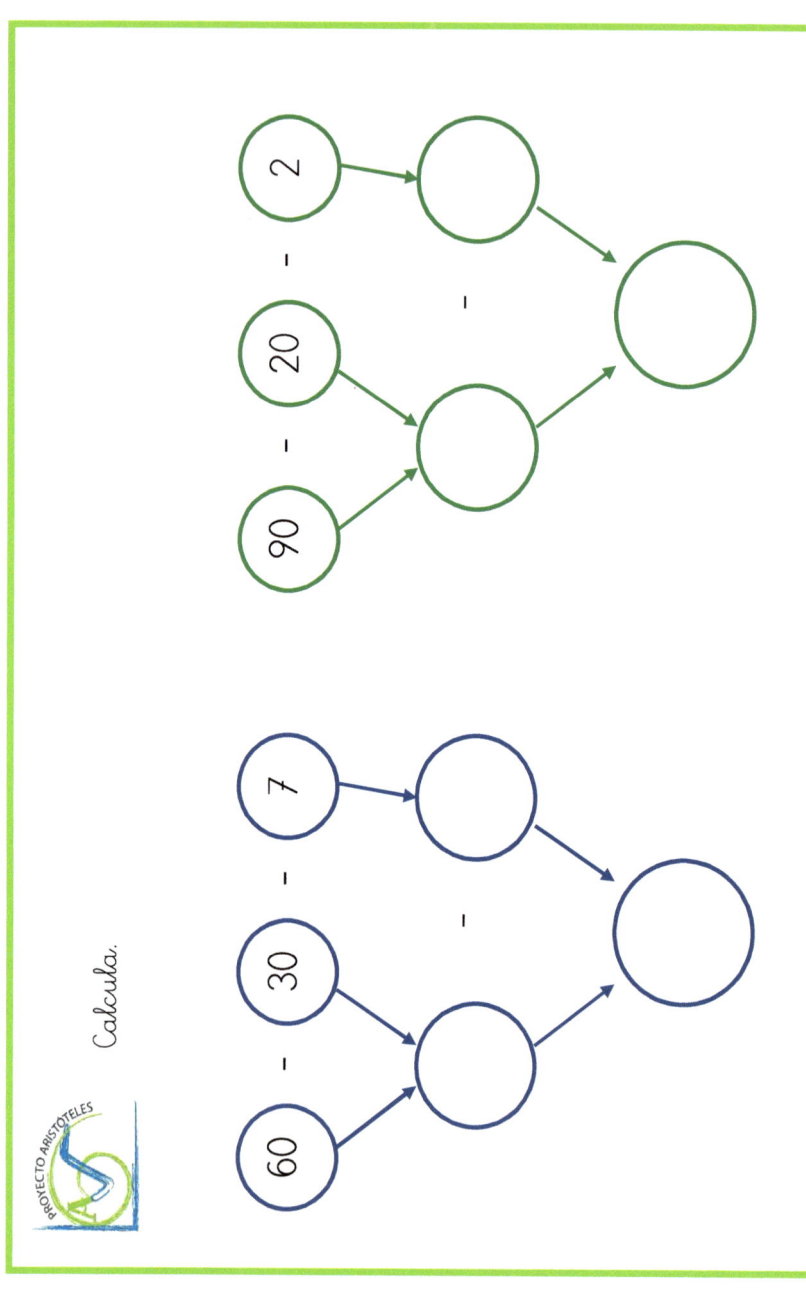

Completa las series.

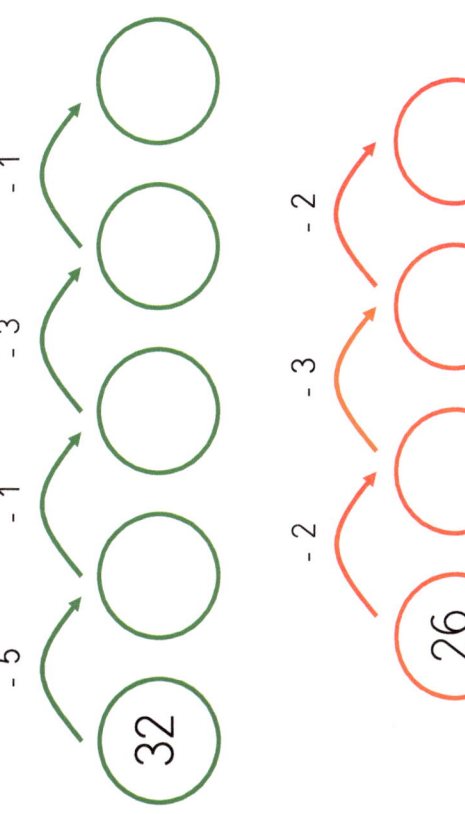

Cálculo mental.

48 - 3 =

63 - 2 =

84 - 3 =

75 - 2 =

47 - 3 =

49 - 3 =

31 - 4 =

23 - 3 =

72 - 5 =

46 - 4 =

Completa usando los signos

| > | < | = |

25 - 14 ◯ 36 - 32

37 - 32 ◯ 23 - 12

24 - 15 ◯ 36 - 23

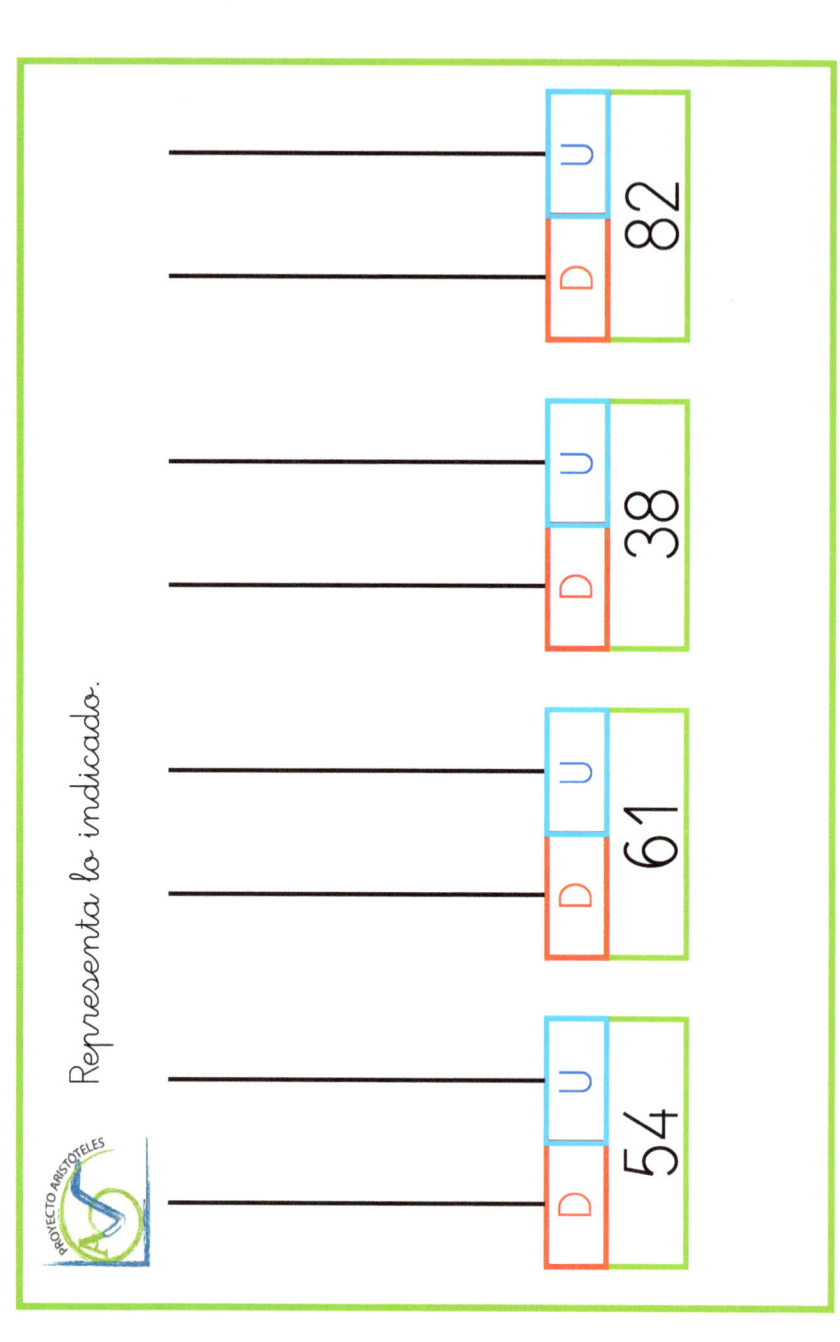

Escribe el número anterior y posterior.

anterior	número	posterior
	56	
	32	
	46	
	23	
	41	
	57	
	28	
	32	

Ordena los siguientes números de menor a mayor.

39	25	18	9	12	23

3	33	28	12	5	28

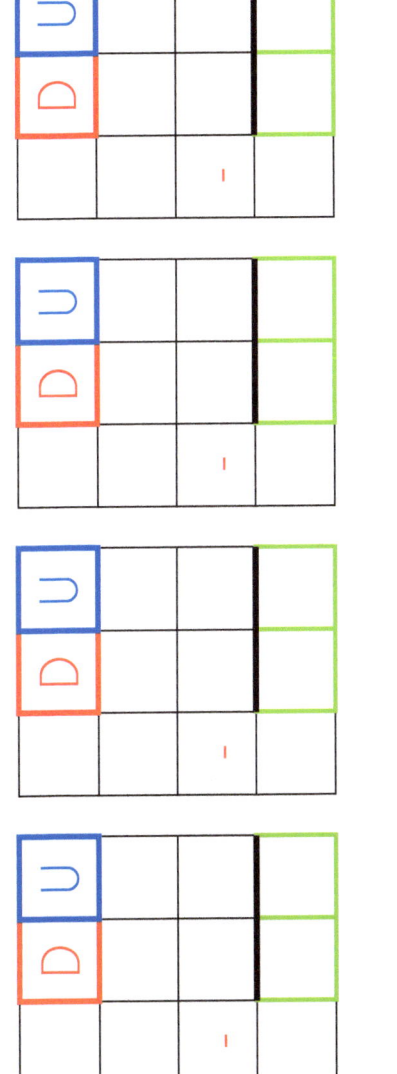

93 - 62

86 - 41

75 - 61

56 - 25

¿Cómo se escriben los siguientes números?

46	34	23	61

Calcula.

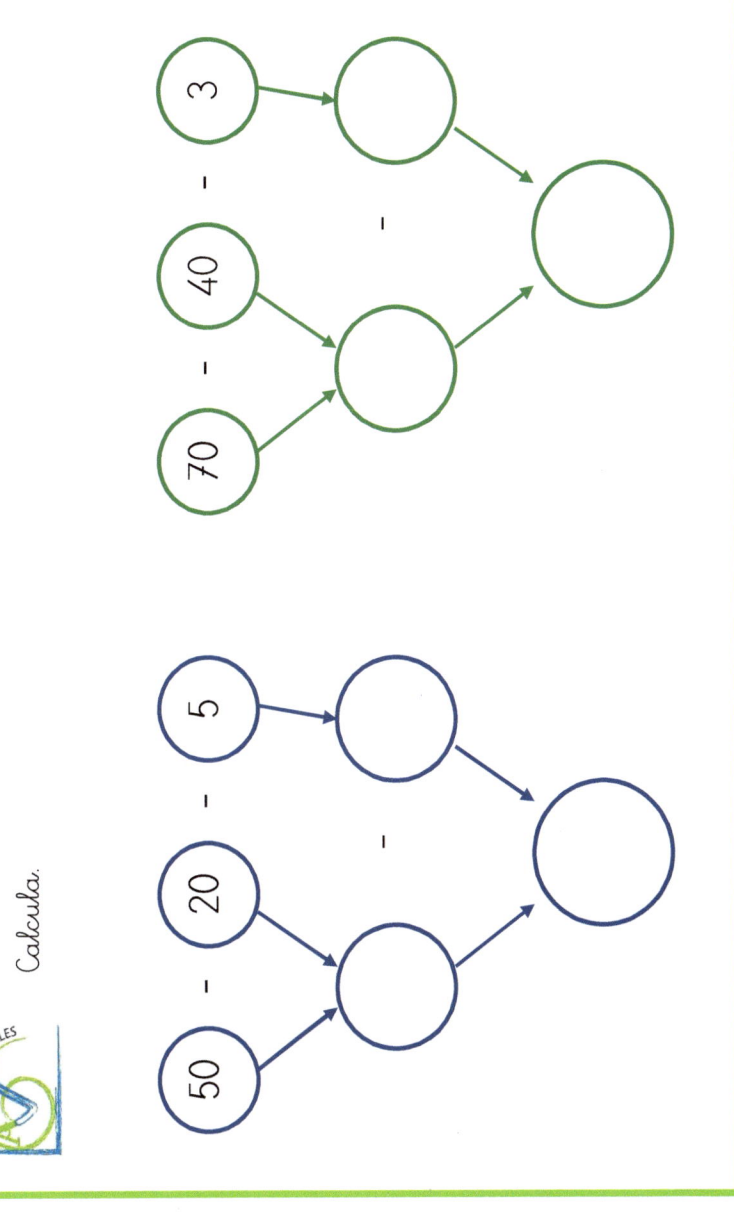

Completa las series.

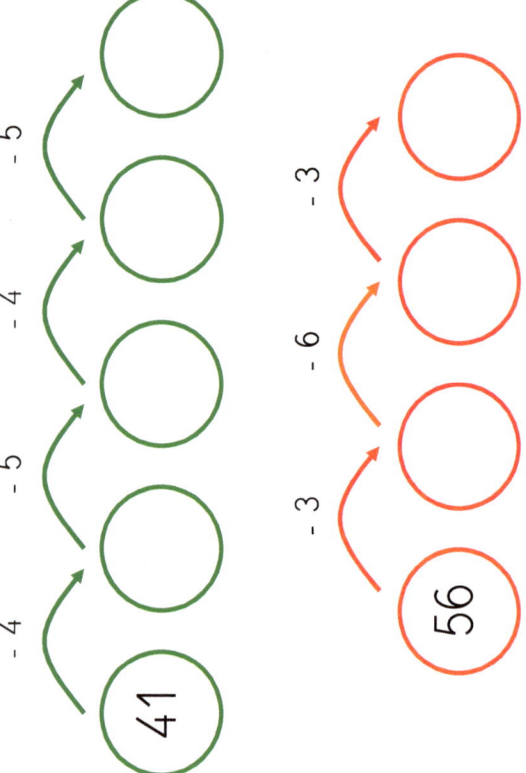

Cálculo mental.

45 - 8 =

62 - 6 =

74 - 3 =

37 - 5 =

56 - 7 =

66 - 2 =

55 - 4 =

48 - 3 =

35 - 6 =

29 - 7 =

Completa usando los signos

[=] [<] [>]

37 - 21 ◯ 48 - 36

44 - 32 ◯ 35 - 24

36 - 25 ◯ 49 - 30

Representa lo indicado.

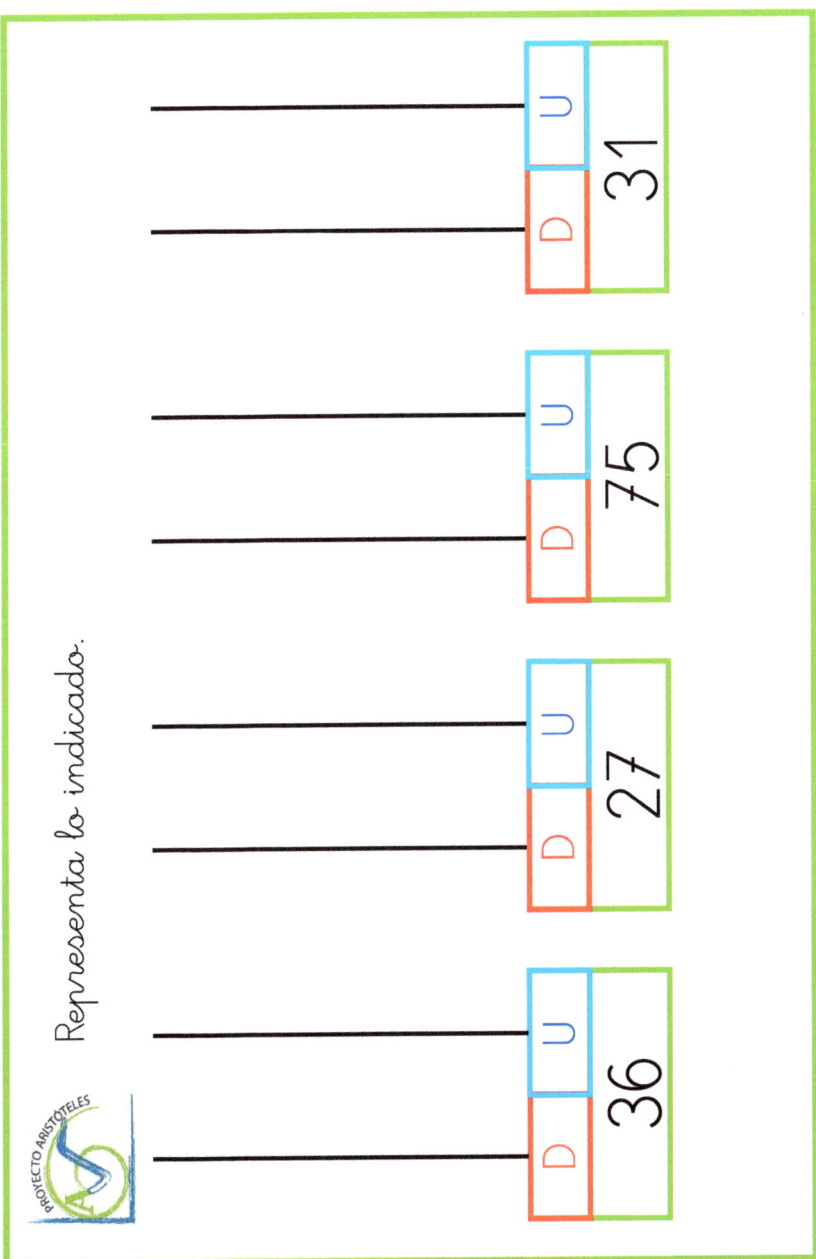

Escribe el número anterior y posterior.

	27	
	35	
	18	
	30	

	43	
	22	
	31	
	65	

Ordena los siguientes números de mayor a menor.

7	15	33	34	24	17

11	36	29	5	25	18

Suma y resta en vertical. Coloca y calcula. (79)

	D	U	
−			

71 − 40

	D	U	
−			

46 − 22

	D	U	
−			

89 − 58

	D	U	
−			

67 − 23

¿Cómo se escriben los siguientes números?

70	setenta
71	
72	
73	

Calcula.

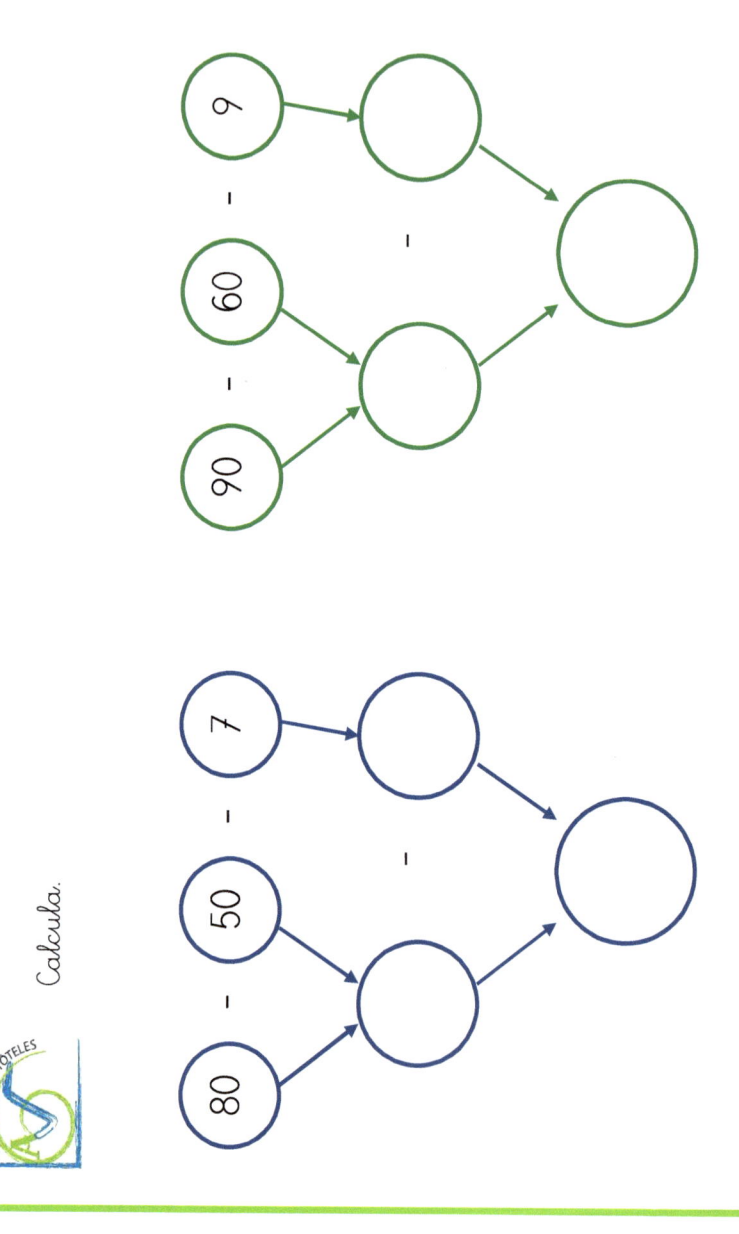

Completa las series.

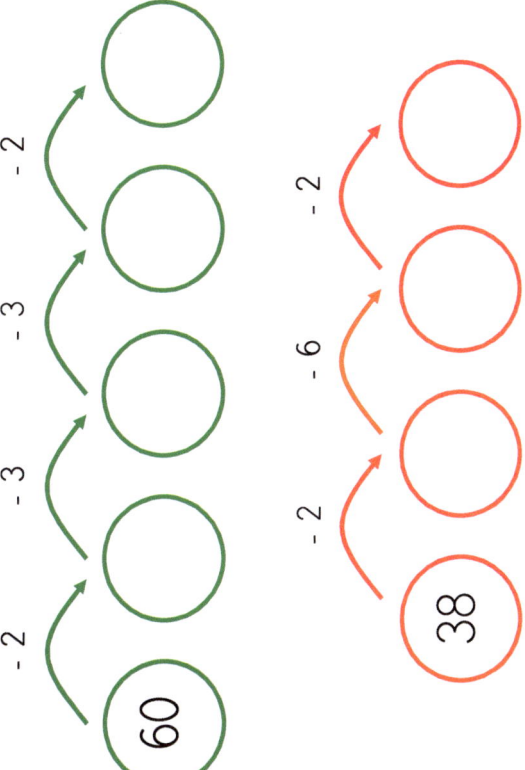

Cálculo mental.

85 - 7 =

53 - 5 =

64 - 2 =

42 - 5 =

36 - 4 =

27 - 9 =

37 - 2 =

75 - 8 =

69 - 2 =

53 - 4 =

Completa usando los signos

| > | < | = |

48 - 36 ◯ 59 - 25

53 - 42 ◯ 47 - 22

46 - 34 ◯ 55 - 31

Representa lo indicado.

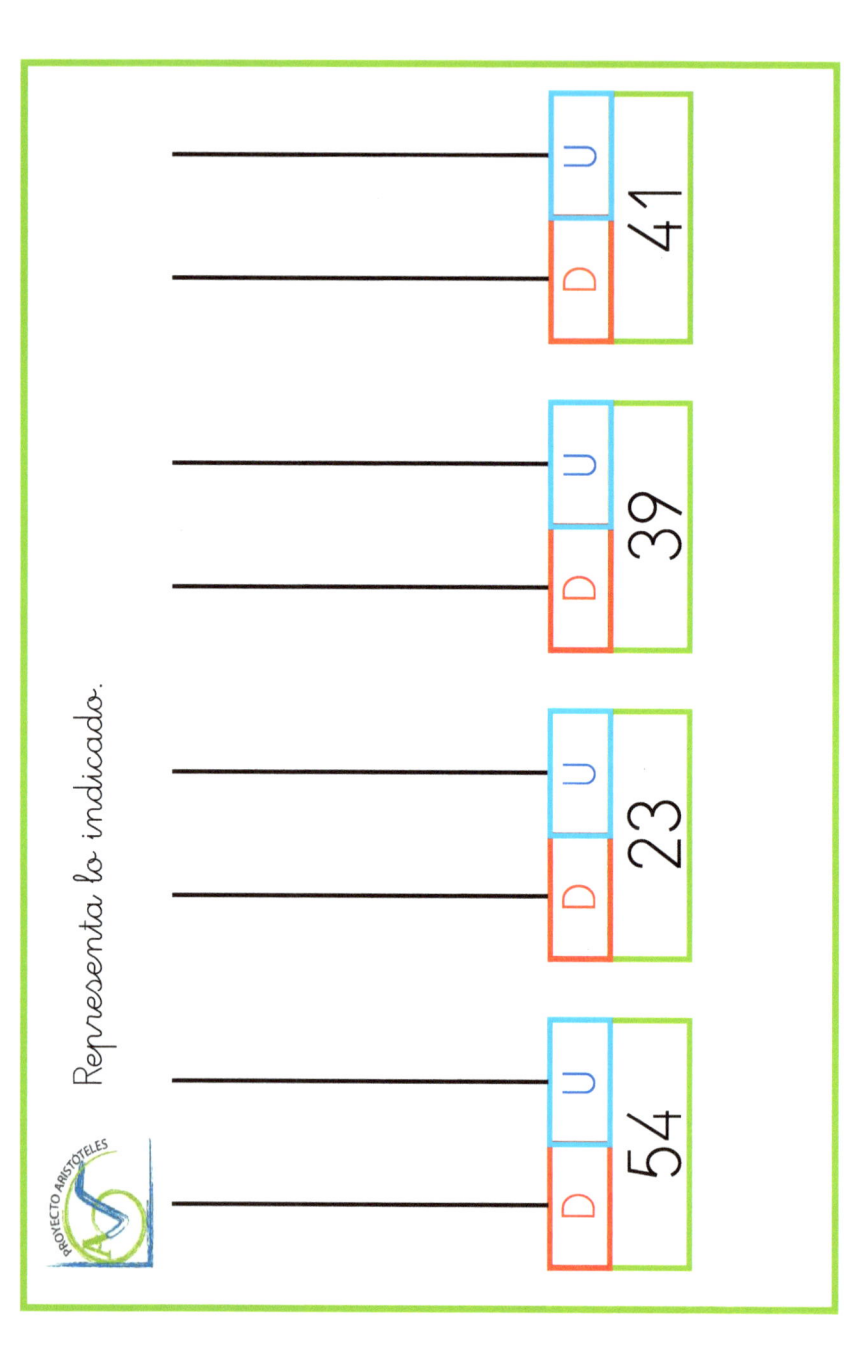

Escribe el número anterior y posterior.

anterior	número	posterior
	18	
	32	
	28	
	66	

anterior	número	posterior
	42	
	36	
	59	
	23	

Ordena los siguientes números de menor a mayor.

21	5	19	34	1	36

30	13	27	6	21	35

PROYECTO ARISTÓTELES

Suma y resta en vertical. Coloca y calcula. (79)

	D	U
-		

	D	U
-		

	D	U
-		

	D	U
-		

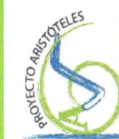

46 - 32

54 - 31

70 - 30

94 - 41

¿Cómo se escriben los siguientes números?

44	_____
75	_____
16	_____
37	_____

Calcula.

30 - 20 - 6

40 - 10 - 2

Completa las series.

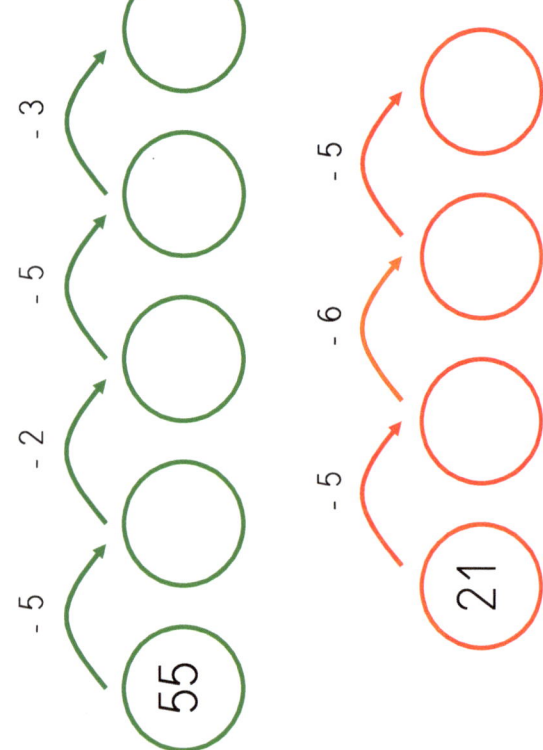

Cálculo mental.

62 - 7 =   77 - 5 =

53 - 4 =   48 - 6 =

44 - 6 =   62 - 9 =

85 - 8 =   39 - 4 =

56 - 2 =   51 - 5 =

| = | < | > |

Completa usando los signos

53 - 42	◯	66 - 42
65 - 34	◯	53 - 31
58 - 45	◯	67 - 54

Representa lo indicado.

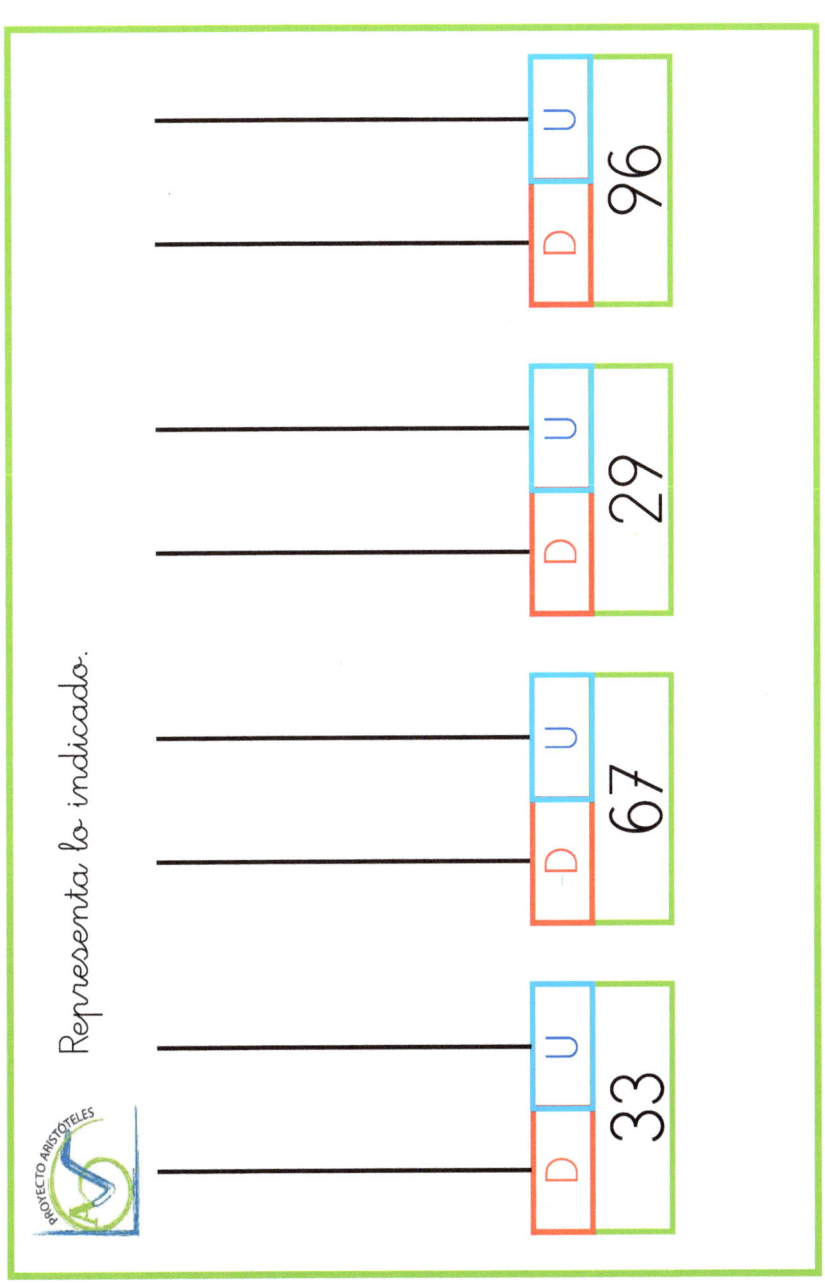

Escribe el número anterior y posterior.

anterior	número	posterior
	21	
	34	
	95	
	49	
	33	
	65	
	87	
	13	

Ordena los siguientes números de mayor a menor.

36	18	21	44	5	46

13	41	31	8	26	3

Suma y resta en vertical. Coloca y calcula. (79)

	D	U	
−			

78 − 65

	D	U	
−			

55 − 33

	D	U	
−			

69 − 15

	D	U	
−			

58 − 27

¿Cómo se escriben los siguientes números?

28	
79	
10	
13	

Calcula.

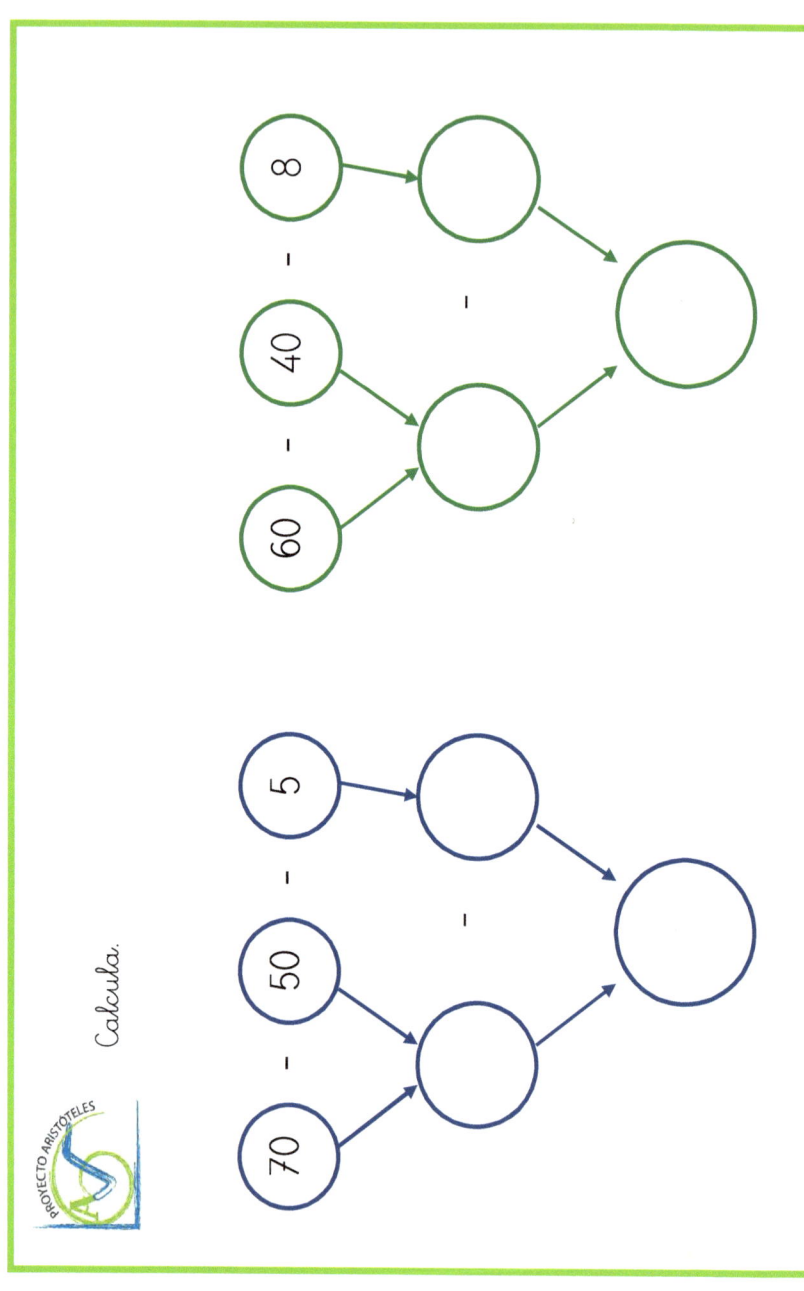

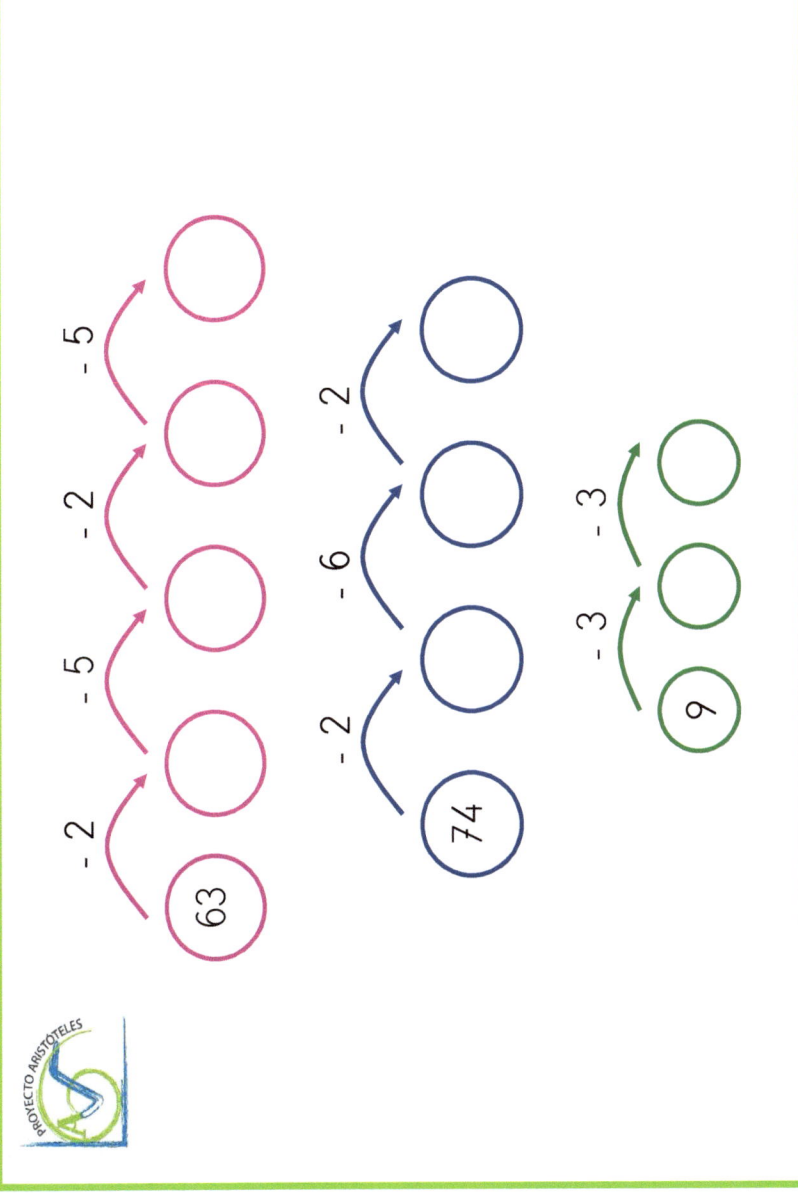

Cálculo mental.

73 - 2 =

51 - 5 =

46 - 2 =

30 - 5 =

48 - 2 =

27 - 3 =

45 - 4 =

69 - 3 =

52 - 4 =

36 - 3 =

Completa usando los signos

| > | < | = |

68 - 25 ◯ 77 - 45

76 - 53 ◯ 68 - 53

65 - 34 ◯ 74 - 61

Representa lo indicado.

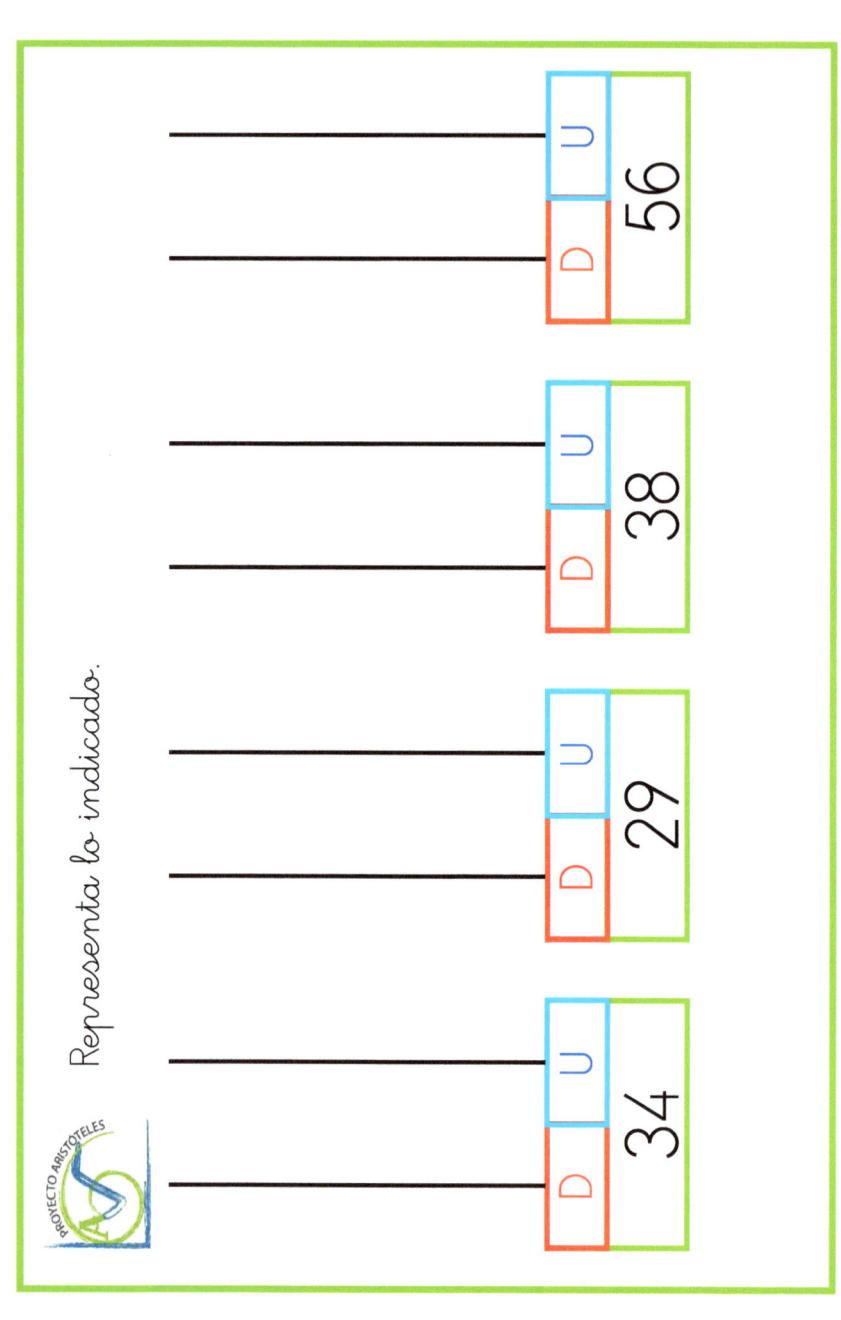

Escribe el número anterior y posterior.

	48	
	63	
	35	
	33	

	74	
	30	
	51	
	29	

Ordena los siguientes números de menor a mayor.

24	43	13	9	15	30

18	48	2	26	9	33

PROYECTO ARISTÓTELES

Suma en vertical. Coloca y calcula. (79)

	D	U
-		

64 - 13

	D	U
-		

95 - 44

	D	U
-		

85 - 62

	D	U
-		

48 - 34

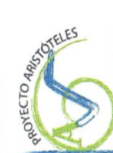

¿Cómo se escriben los siguientes números?

65	
71	
18	
20	

Calcula.

90 - 10 - 3

90 - 40 - 6

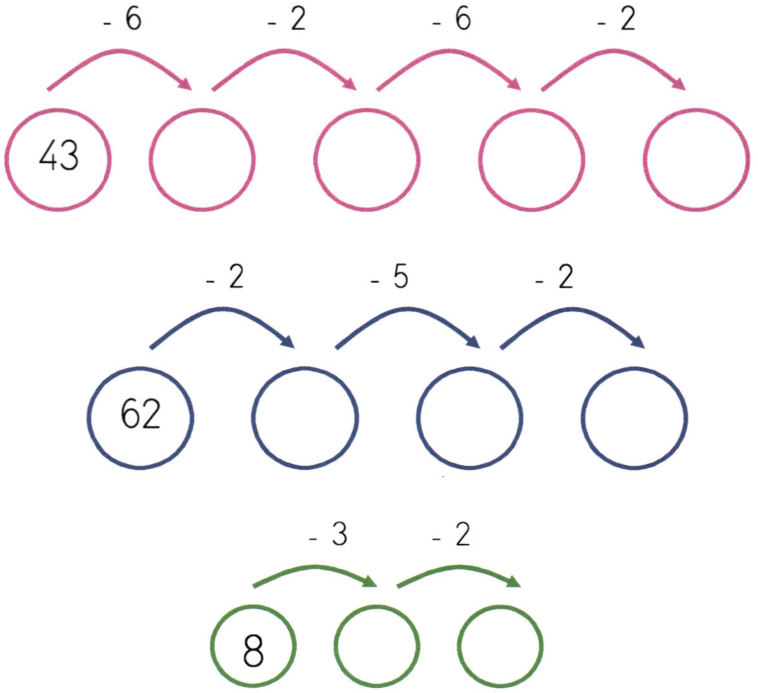

Pink sequence
43 → -6 → ◯ → -2 → ◯ → -6 → ◯ → -2 → ◯

Blue sequence
62 → -2 → ◯ → -5 → ◯ → -2 → ◯

Green sequence
8 → -3 → ◯ → -2 → ◯

Cálculo mental.

65 - 2 =

47 - 4 =

34 - 2 =

28 - 4 =

53 - 2 =

79 - 3 =

56 - 6 =

37 - 3 =

44 - 6 =

20 - 3 =

Completa usando los signos

[=] [<] [>]

76 - 62 ◯ 83 - 71

89 - 70 ◯ 74 - 63

75 - 65 ◯ 89 - 57

Representa lo indicado.

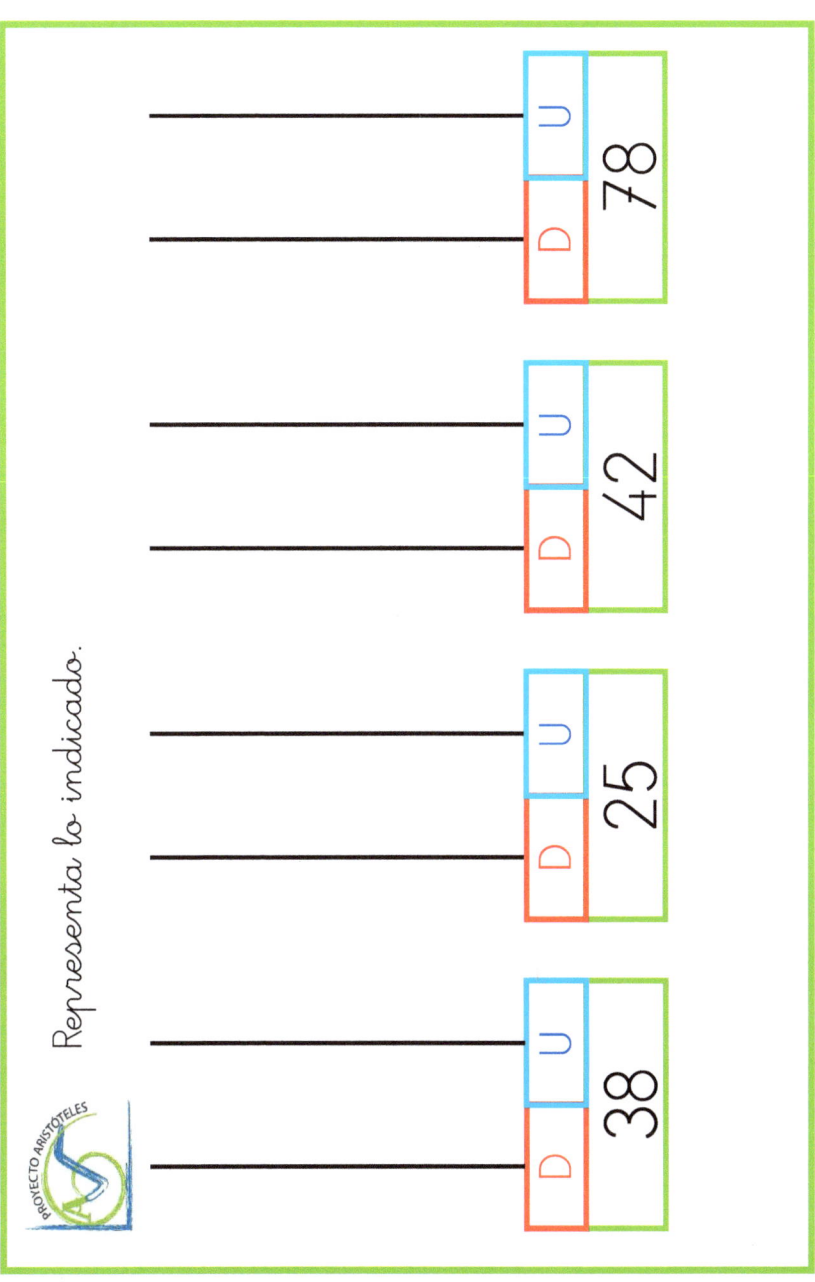

Escribe el número anterior y posterior.

	23				19	
	35				70	
	12				30	
	37				46	

Ordena los siguientes números de mayor a menor.

49	3	17	38	41	16

10	32	19	45	25	38

D	U		
		−	

45 − 25

D	U		
		−	

65 − 43

D	U		
		−	

89 − 64

D	U		
		−	

73 − 41

¿Cómo se escriben los siguientes números?

| 56 |
| 74 |
| 11 |
| 61 |

Calcula.

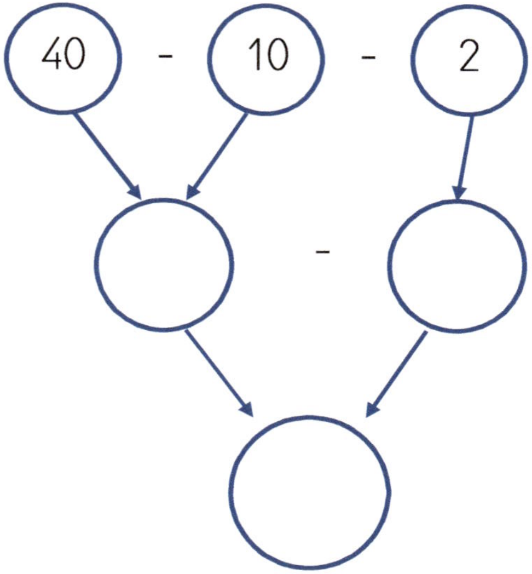

40 - 10 - 2

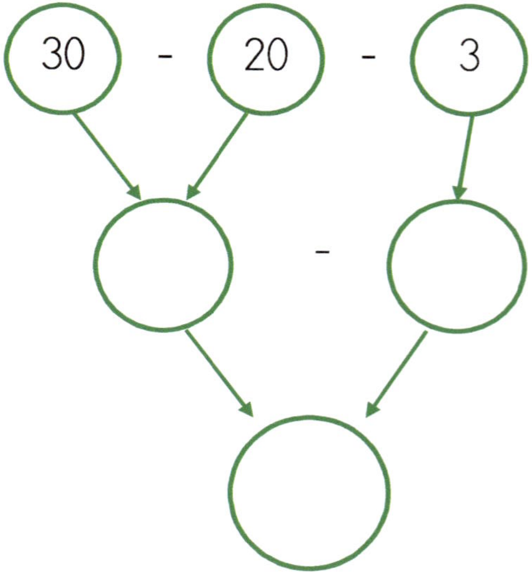

30 - 20 - 3

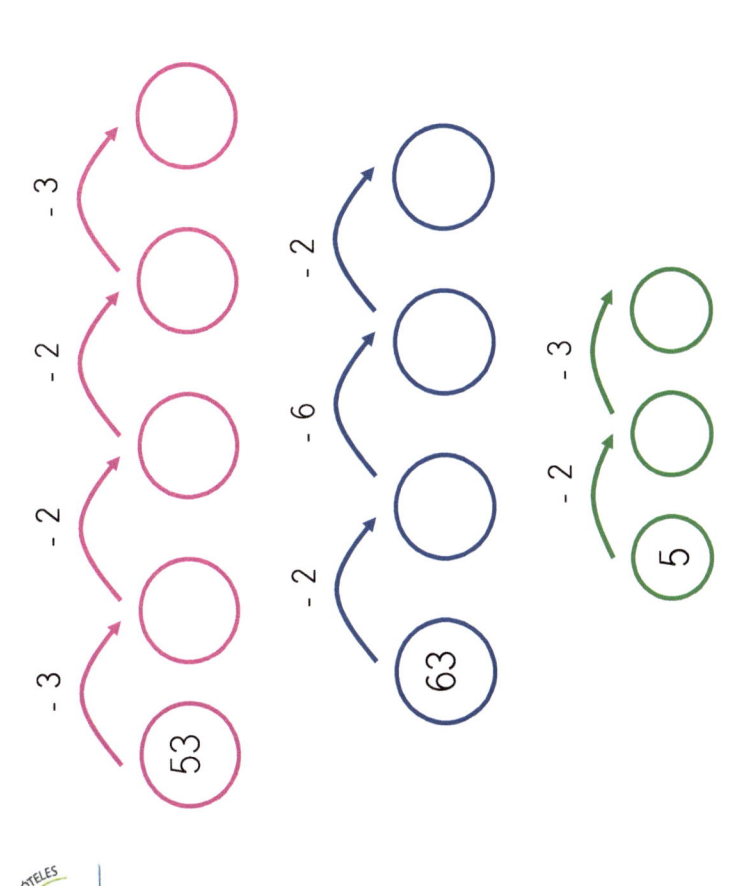

Cálculo mental.

62 - 4 =   70 - 2 =

49 - 2 =   63 - 3 =

54 - 4 =   44 - 2 =

31 - 2 =   38 - 3 =

75 - 4 =   43 - 2 =

Completa usando los signos

| = | < | > |

84 - 63 ◯ 96 - 74

97 - 74 ◯ 85 - 34

88 - 56 ◯ 93 - 82

Representa lo indicado.

Escribe el número anterior y posterior.

	24			47			69			73	

	48			26			35			51	

Ordena los siguientes números de menor a mayor.

35	48	8	24	13	21

40	37	23	2	46	39

D	U		
		−	

46 − 13

D	U		
		−	

68 − 55

D	U		
		−	

75 − 22

D	U		
		−	

58 − 31

¿Cómo se escriben los siguientes números?

77	
28	
41	
19	

Calcula.

60 - 40 - 8

50 - 30 - 2

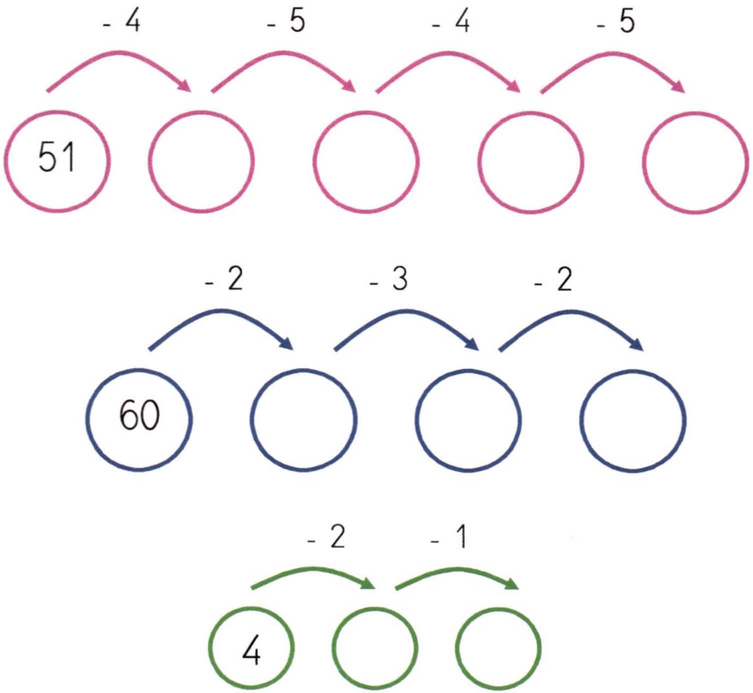

www.ingramcontent.com/pod-product-compliance
Lightning Source LLC
Chambersburg PA
CBHW040810200526
45159CB00022B/139